かんてん 寒天 享瘦料理

料理達人
TOKU◎著

人文的・健康的・DIY的
腳丫文化

高纖寒天 減重的秘密武器

品悅診所 陳力平 醫師

近年來全球的健康專家們，愈來愈注意高纖食物在日常生活飲食中所扮演的重要角色。所謂的高纖食物，就是相對富含大量纖維質的食物，同時它也是複雜碳水化合物的一種。如全麥麵包、義大利麵、五穀米、糙米、碾碎的乾小麥、新鮮蔬菜和水果（不論生吃或略煮皆可）。目前市面上很熱門的「寒天」食品，也是因為屬於高纖食品，才會在日本的減重市場爆紅。

那高纖食物對健康減重有那些好處呢？

1. **熱量低，又具有飽足感：**

愈是高纖，熱量愈低，也就是熱量密度愈低，當然有飽足感而少負擔，只要料理得當，可說是健康減重的聖品啊！美國醫學會雜誌(JAMA)在1999年就發表了一篇大型飲食調查研究結果發現，食用高纖食物者，在一段時間後，比食用低纖食物者平均少了約4公斤。

2. **減緩人體吸收卡路里的速度：**

高纖食物可加速食物通過腸道，同時會與單糖結合，減少人體腸道對熱量的攝取。

3. **幫助排便，預防便祕，預防大腸癌：**

高纖食物可促進腸子蠕動，吸收水分，使大便含水量增加，同時加速排便。對便祕有顯著的治療和預防效果。同時有許多的醫學文獻顯示高纖具有預防大腸癌的效果。

4. 降低血脂肪，保護心臟血管：

纖維存在蔬菜中一絲絲的物質，是非可溶性的纖維；還有一種可溶性的纖維，存在於QQ、軟軟、滑滑的食物中，如豆子、水果、木耳、寒天等，這種纖維可以和含有大量膽固醇的膽汁結合後排出人體，所以可以降低血脂肪。

5. 幫助控制血糖的穩定：

纖維質會與單糖結合，可以減緩餐後血糖上升的速度，可以穩定血糖。以流行病學的角度來看，非洲東巴基斯坦人主食是高纖的蔬菜和澱粉類，得糖尿病的人口只佔總人口的2%；而美國賓州的居民，卻有高達17.2 %的人口得到糖尿病。

6. 有效預防女性經前嗜食情況：

因為在腸道中纖維質可以降低過量的雌激素，所以高纖食物可以幫助人體排除過多的雌激素。好處在於緩解許多女性的經前症候群，包括水腫、煩躁不安、心情改變、頭痛和嗜食。所以不但有助於女性經期不適症的緩解，也有減重的好處。

了解高纖食物對健康減重有這麼多的好處，那我們一日需吃多少的纖維質呢？以衛生署的建議，成人應攝食約25克的纖維質才是健康的，而國外有些營養專家甚至建議每日應攝食40克的纖維質。但現在國人平均每日約只有食用5.6克左右，真的很少。

大家都知道，減重時期需要減少脂肪的攝取量，但很有可能會吃進更多其他東西來填飽肚子，如果能以寒天代替主食，健康又無負擔，它真是健康減重的好幫手。所以正在減重的好朋友，可要多多食用寒天這種高纖食物喔！

自序 Preface

誰說懶人減肥不會成功？

■料理達人 TOKU

一家大小二十多人，今晚的米又有點兒不夠，怎麼辦？這時就在洗好米的鍋子裡，放入適量的天草（寒天的俗稱），米就隨著膨脹、顆粒變大，看起來一整鍋的飯。

這是在三、四百年前的古人，他們已經有了利用寒天的智慧，不但節省米糧，並且發現米粒又Q、又好吃，真是一舉兩得。

現在，日本人又研究出寒天裡不但有豐富的水溶性纖維，還有排出體內脂肪、降低膽固醇、零卡路里等諸多功效，一夕之間，寒天爆紅，成為日本美眉搶購的減肥聖品。

因為每100克的寒天中，就富含有80.9克的食物纖維，幾乎零熱量的特質，吃多了也不怕發胖，並可以排出體內的毒素，不僅減肥者趨之若鶩，更是高血壓、糖尿病等慢性病患的福音。

在《寒天享瘦料理》中，寒天的做法簡單而多變，我建議把寒天融入你的飲食生活，讓身體好好煥然一新，誰說懶人減肥不會成功？

寒天料理目次 Contents

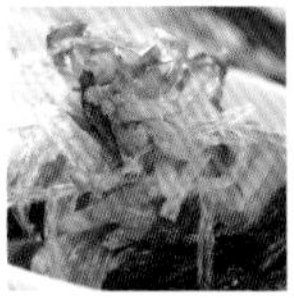

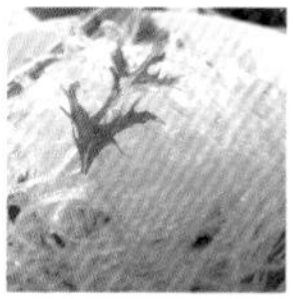

PART IV 充滿幸福感的寒天主食料理

PART V 暖暖的寒天輕盈湯品

PART VI 散發誘人氣息的寒天小點

PART I

健康時尚 食材新寵

體驗寒天的魅力

寒天擁有豐富的食物纖維，而且是肉眼所看不到的水溶性纖維，具有整腸作用，就像在腹中看不見的纖維小刷子，把腸中不必要的東西，一起刷出來，減肥、排毒功效出乎你想像！

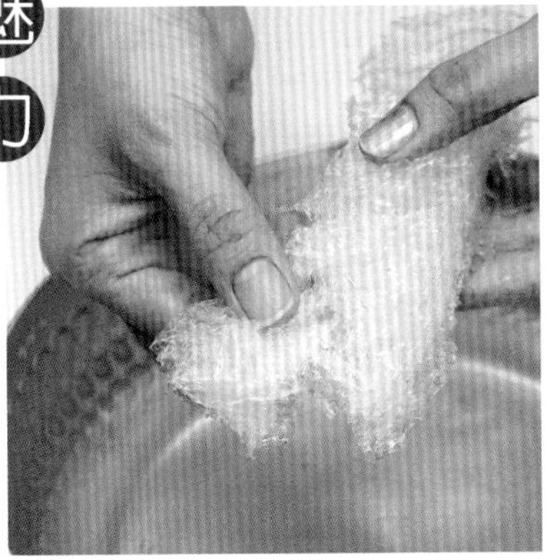

一、什麼是寒天？

來自深海的紅藻提煉物

如果用最簡單的幾個要點來說明寒天的話，有以下幾點：

・寒天是從深海裡的紅藻植物所提煉的膠質。
・寒天是一種碳水化合物，屬於植物多醣體。
・寒天具有強烈的形成凝膠及高粘度、透明度和水溶性質。
・寒天具有降熱保健的作用。
・寒天的蛋白質含量高，且有瀉火滑腸、清便、防癌、降血脂的作用。
・寒天無色、無味、無毒，使用安全。
・幾乎是零卡路里。

這就是寒天，這個發燒名詞的基本概念。

至於它的歷史由來，就要從日本三百年前德川四代將軍里綱公的時代說起。那時兵荒馬亂，糧食嚴重不足，軍兵們路過海邊沿岸時，為了準備糧食而下海捕魚，在捕魚同時撈起一些海藻類的植物，士兵們發現岸上昨天被撈起的紅藻，經日曬後變成透明色，煮過之後食用，可以長時間不覺得餓，後來就陸續研發一連串的料理法。

當時寒天被稱為「天草」，也就是海藻之意，也就是因為在比較深而且寒冷的海域所採的藻類，所以又稱為「寒天」。

寒天的成分表

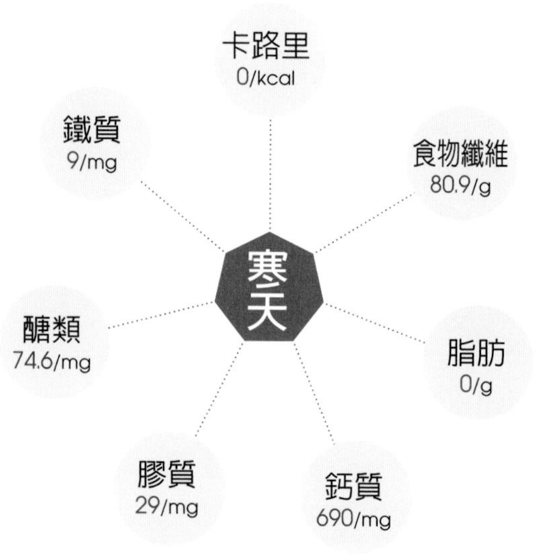

寒天100公克中，含有的營養素，它的熱量很低，幾乎等於零。

二、寒天的種類

三種寒天各有料理特色

寒天一般分為三種：寒天絲、寒天棒（又稱為塊狀寒天）和寒天粉。其中寒天絲和寒天棒是深海紅藻撈上來之後，立即加工、日曬；至於寒天粉，就是深海紅藻的濃縮體，在使用上更為方便。

寒天棒和寒天絲的基本程序做法

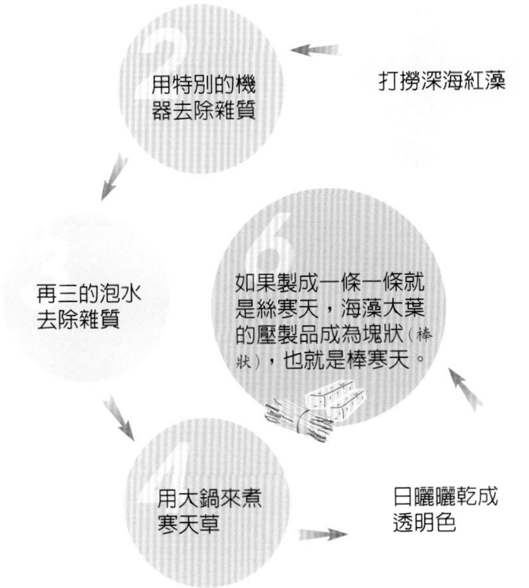
打撈深海紅藻
用特別的機器去除雜質
再三的泡水去除雜質
用大鍋來煮寒天草
日曬曬乾成透明色
如果製成一條一條就是絲寒天，海藻大葉的壓製品成為塊狀（棒狀），也就是棒寒天。

寒天絲

寒天棒

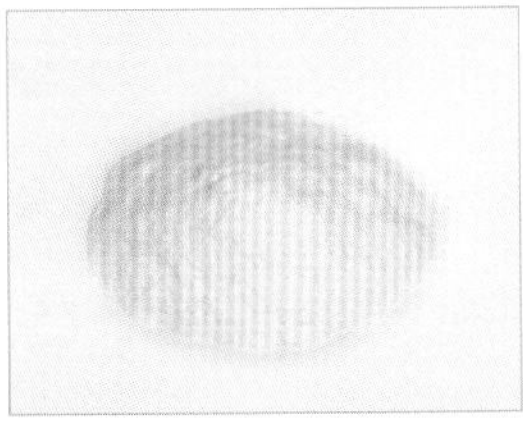
寒天粉

寒天絲或寒天棒用於料理之上，必須放入90℃以上的熱水煮沸後，等到冷卻到30℃以下時，它就會自然產生凝固狀態，也就是說它在沸騰之後，在水裡產生海藻性水溶性纖維的作用，因此冷卻時會凝固成凍狀，可以利用此種特性，去做出各種變化多端的美味瘦身料理。

至於寒天粉的用法，那就更方便了。因為它無色、無味，所以用水或溫水，都可以輕易的把它溶解，攜帶方便，可以隨時運用在飲料、甜點中，零熱量又增加飽足感。

寒天粉的市售包裝通常都會分成4公克1包，4包1盒，1盒的價格約在

120元至140元之間，當然會有很多不同的品牌或來源，基本上只要選擇產品上有標示英文字agar（寒天—深海紅藻的英文學名）即可，最近在伊豆海域新撈起的寒天，因為水質的關係，所以品質也特別好，在購買時可以試著找看看。

▲寒天是紅藻的提煉物

在台灣那裡可以買得到寒天？其實在各大日系百貨超商都可以買得到，現在連藥妝店都有販售，非常方便。

但要特別提醒讀者的是，寒天不是洋菜！

洋菜是一些淺海綠藻或動物油脂取出的膠質所做成的，不含有水溶性纖維；而寒天是深海紅藻所提煉的膠質，具有水溶性纖維，所以最好要選用日本進口的寒天，在品質上較有保障，也才能達到健康和瘦身的效果。

三、寒天的健康功效

寒天擁有豐富的食物纖維，而且是用肉眼所看不到的水溶性纖維，所以，寒天具有整腸作用，就像在腹中看不見的纖維小刷子，把腸中不必要的東西，一起刷出來，而且因為它本身特有的凝固和膨脹的效果，所以醫學研究都顯示，它具有以下的功效：

・降血脂。
・降低膽固醇。
・預防大腸癌。
・降低血糖值。
・防止肥胖。
・消除便秘。
・預防痔瘡。

1. 纖維質含量驚人，大腸癌的剋星

一講到纖維，大家一定會先想到布的纖維，或是筋類不消化的東西，沒想到寒天的纖維卻比芹菜、牛蒡等平常纖維質多的蔬菜，還多出10倍以上。

日本光岡知足東大名譽教授所發表的報告中指出，食物纖維能抑制大腸癌與肝癌的發生率。纖維對人體的生理機能來說，是一種不可欠缺的營養素。

食物纖維比一比

（每100公克的食物中含有的纖維質）

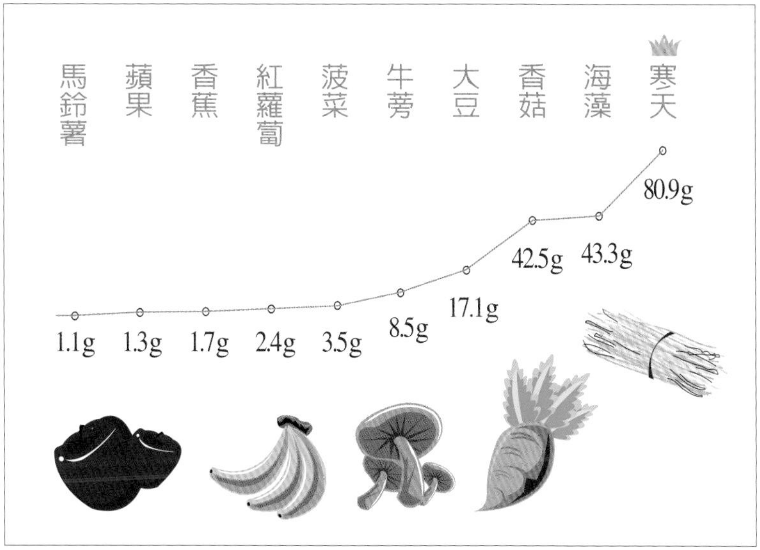

100公克的寒天中，就有80.9公克的纖維，也是所有食物最高的，可是又怎麼能有降血脂的功能？這是因為腸子是人體吸收養分的重要通路，可是當你攝取了足夠的纖維時，它就會在腸內阻止脂肪被吸收，並使脂肪排出體外，特別是海藻類的食物纖維更具有降血壓和降低膽固醇的效果。

2. 降低膽固醇、血壓有一套

膽固醇是讓動脈硬化的最主要禍首。寒天中具有的水溶性多醣體，就是膽固醇的剋星。

水溶性多醣體會在人體的腸裡產生黏體狀態，會防礙膽酸汁和腸壁的接觸。膽酸汁是幫助油脂質消化的主要成分，

之後它會回到肝臟進行再生（再度使用）的工作，可是寒天的水溶性多醣體會妨礙腸壁的吸收作用，所以自然而然，膽酸汁就回不到肝臟，也就無法吸收脂肪。

另外，寒天也有預防大腸癌的功效，癌症可說是日本人死亡原因排行的第一名。那是因為亞洲人也開始習慣歐美的飲食生活，當牛排、漢堡類的食物打入亞洲的飲食圈時，我們更需要加強預防癌症的措施。

如果一直持續著歐美型態的飲食習慣，人體的排便量就會減少，便量減少的意思不是沒有排便，而是都滯留在大腸裡，這些廢料滯留愈久，就愈會產生一系列的癌細胞。加上因為歐美型態食物中的蔬菜攝取量太少，而動物性蛋白質和脂肪都會使癌細胞增長，更要藉由纖維質來排除這些不好的東西。

只要攝取足夠的食物纖維，它不但會把發癌細胞和油脂物質順利排出，還能把附著在腸內平常排不到的吸著物一

次排乾淨，真的是一舉數得。

纖維質還會在胃中增加水分，所以它對已經成體的發癌細胞也有稀釋的作用，降低癌細胞進入大腸壁的機會；外加寒天的水溶性纖維質在腸胃裡都會形成一種膜狀的保護體，也會阻止腸胃對於一些惡球菌的增長和吸收。說白話一點，也就是吃了過期的壞東西，寒天也會將這些毒素迅速排除。

3. 降低血糖，適合糖尿病患食用

不但如此，因為寒天的水溶性纖維質具有緩慢吸收的功用，它也會減緩人體吸收糖分的速度，所以也有降低血糖的作用。

說得白話一點，纖維質就是一種擋路的障礙物，它會在大腸壁裡阻止和減緩糖分的吸收，以及血糖值的上升時間，所以也非常適合糖尿病的人食用，尤其是家族有糖尿病的人，多攝取纖維質絕對有好處沒壞處。

寒天的水溶性纖維的強大功效

寒天的食物纖維

- 零卡路里，增強飽腹感、增加排便量，不知不覺減輕體重。→ 預防肥胖
- 抑制攝取食物後的血糖值上升，減緩糖分的吸收。→ 預防糖尿病
- 能有效降低膽固醇。→ 預防動脈血管硬化
- 富含食物纖維，會把附著在腸內的廢物一起排出體外。→ 預防大腸癌

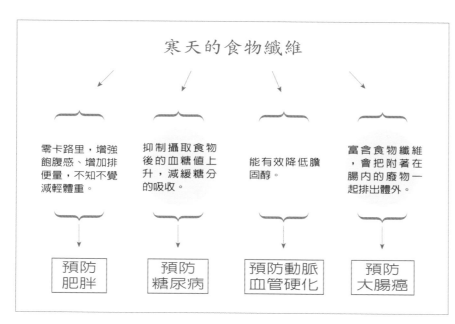

寒天的4大魅力

令尼哄美眉趨之若鶩的減肥救星

無色無味的特性

可以任意搭配在任何食物或飲料中，在享用美食的同時攝取寒天，非常方便，不會影響食物的原味。

你吃再多也沒問題

卡路里幾乎是零，不僅有飽足感，也不用擔心體重會增加，想減肥也不必挨餓。

寒天食物纖維

比例是100公克中，就有80.9公克的纖維，也是所有食物中最高的，可改善便秘、降低體脂肪、膽固醇，是目前尼哄美眉最愛的減肥聖品。

從海藻中提煉的自然食物

雖然一天的攝取量建議為4公克，但即使攝取過多，也沒有任何副作用，是非常安全的健康食物。

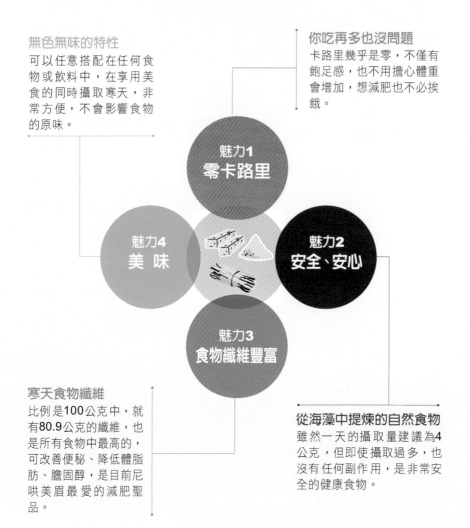

4. 零卡路里，讓胃有飽足感

至於寒天的減肥功效，更是讓日本人對寒天趨之若鶩的主要原因。

寒天令人最心動的就是它幾乎是零卡路里，不管你吃多少都不用擔心會胖，富含的纖維質，讓你容易有飽足感，所以一天也不用吃太多，大約4公克就足夠了。

而且寒天的水溶性纖維質會把體內的糖質吸收變得很慢很慢，沒有血糖升高的現象，飽足感就會維持很久，不會一下子就覺得餓。

5. 預防痔瘡，排除體內毒素

而寒天的水溶性纖維質有遇水就膨脹的效果之外，它也可以在大腸內吸收水分，讓便便排得更順暢，自然而然就有預防痔瘡的功能。

寒天的包容性質特別強，它會形成一種膜狀的物質，將腸胃中的食物包覆起來，讓腸胃無法吸收，隨著便便排出，可以使排便量增多，對於排除體內的毒素，也有莫大的功效。

四、料理時，寒天的基本運用法

做法超簡單，運用巧思做變化

要使用寒天之前，必須先了解寒天的基本運用法，之後即可隨意運用在各種料理之中，配合各種巧思去做變化。

寒天的基本運用法大致可分為三類：

第一：水煮法：適用寒天棒。

第二：冷水浸泡法：適用於寒天絲。

第三：溫熱水沖泡法：適用於寒天粉。

每次使用寒天的建議量（1人份）

棒寒天	8g	1支
絲寒天	8g	24～26根
粉寒天	4g（1包）	約2小匙

烹調寒天的技巧

寒天一到90℃以上就會溶解，30℃前後一冷就會凝固。總之就是室溫下會凝固。要巧妙運用寒天做料理，有幾個訣竅。

首先在煮溶寒天時，不是一溶解就從爐火離開，而是沸騰後，以小火煮1～2分鐘，一邊攪拌一邊溶解寒天，這樣就不會結塊，口感會很順。

另外，想要不煮溶寒天絲，當作炒菜和湯的配料使用，要注意避免高溫加熱。炒菜時，在最後加入快炒即可；煮湯時，在熄火後加入。以下是各種寒天不同的烹調方法：

1.寒天棒

適合用於主菜、湯類、醬汁的料理。放到大約90℃的熱水裡，煮滾約2分鐘，關火後，再等它冷卻到30℃，而這段時間，就可以開始做一些調味，或調味過後再等它冷卻，做成凍狀料理。

由於寒天棒的凝固力都要大於寒天絲或寒天粉，我們可以利用這個特質來

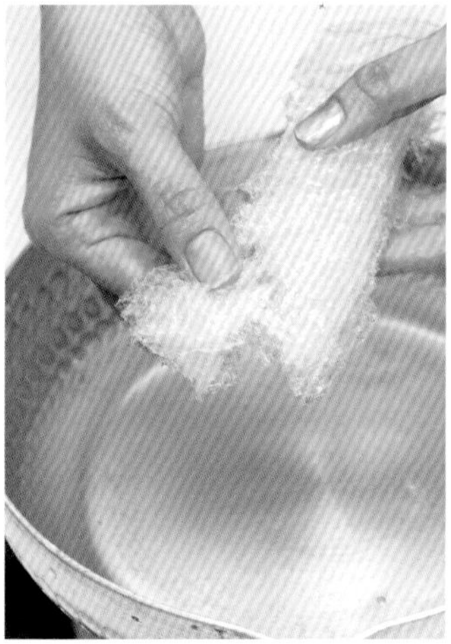

● 先將棒寒天用水泡軟，等水沸騰後，再撕塊丟入鍋中。

做像酸辣湯或一些加上太白粉勾芡的料理，只要在任何的菜完成前加入調好的寒天溶解液，並調好調味比例即可。

2.寒天絲

當它煮於熱水中，就會很快的溶解，道理和寒天棒是一樣的，只不過如果把寒天絲浸在水裡，它會變軟，在寒天的零熱量特性下，這變軟的寒天絲，就成為一道可代

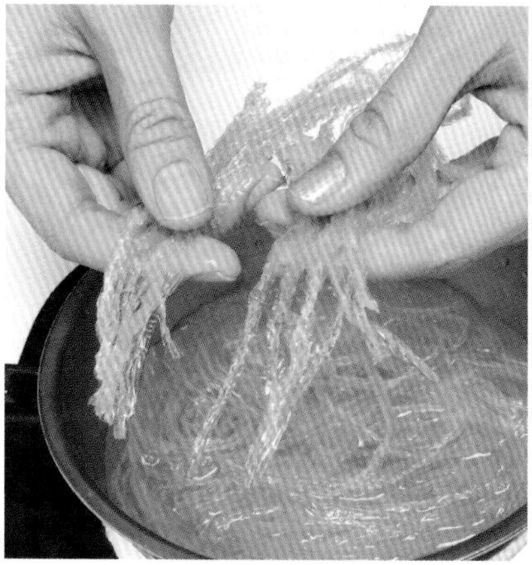

●在使用前，先將絲寒天用水泡軟，變軟之後，將絲寒天撕開，即可食用。

替米飯、麵類，有飽足感的主食了。

寒天絲也適合做出寒天沙拉、寒天素麵、寒天義大利麵等的料理，因為寒天絲的口感很像麵條、粉絲，可當主食使用，25根的寒天絲約等於4公克的寒天粉，所以也可以讓胃腸有充足的飽足感。

3.寒天粉

由於它是粉末狀，所以把它溶入熱水或溫水中，溶化的速度很快，喝下去不但有飽足感，而且因為溶於水中，所以可以輕而易舉的流入到身體裡發揮寒天的作用，不管在任何熱飲和冷飲，加入寒天粉都有同樣的效果，所以它非常方便，也容易攜帶。

寒天粉一般市售的包裝都是4包1盒，上面都會建議一天攝取4公克就

好，大約是1包的分量。可是TOKU建議，想要減肥的人，可以早上用冷水沖泡1包，下午用溫水沖泡1包飲用，排便會變得很順暢，前三天都用這方法，但到了第四天，則可以早上1包沖溫水，保證一星期就有瘦身的功效。

●將寒天粉放入滾水中，煮沸2分鐘完全煮溶。

注意！寒天不適合搭配部分食材

- 搭配酸味強的果汁和牛奶時，要煮成寒天液後使用。
- 寒天怕酸，所以和檸檬、柳橙、葡萄柚等100%的果汁，或和蘋果醋、黑醋等酸味強的東西一起煮時，很難凝固。要凝固這些東西時，先將寒天以水煮開，做成寒天液，稍微放冷後再加入果汁和醋，就不會失敗了。
- 還有，寒天也怕乳脂肪，容易結塊，如果要加入牛奶，在加入寒天後，沸騰後要再以小火煮1~2分鐘，一邊煮一邊攪拌，讓寒天確實溶解滑順。

PART II
搶救身材大作戰

寒天到底有多神奇，爲什麼有這麼多人趨之若鶩，要用這個看似不起眼的小食材來減肥？不再便秘、熱量超低、烹調容易…等好理由，絕對夠充裕，讓你也想馬上買來試試！

一、利用寒天瘦身成功的5大理由

寒天是目前最受注目的瘦身食品，熱量低，又容易有飽足感，靠它完成飲食控制超級容易喔！比起蒟蒻、愛玉……等各種低脂低卡食材，一點都不遜色喔！

寒天到底有多神奇，為什麼有這麼多人趨之若鶩，要用這個看似不起眼的小食材來減肥？不再便秘、熱量超低、烹調容易等好理由，絕對夠充裕，讓你也想馬上買來試試！

理由1 改善便祕，天天暢通

食物纖維可以清掃腸道！

瘦身的最大敵人就是便祕，而食物纖維有助改善便祕，寒天每100公克中含80.9公克的食物纖維，幾乎可說是食物纖維的食品。

食物纖維有兩大類型，包括可吸附老廢物質排出體外的水溶性纖維；可增加排便量，促進腸道運動的非水溶性食物纖維。寒天因為富含這兩種纖維，所以有助於改善便祕。除了食物纖維，水分也是寒天能改善便祕的主要關鍵。

食物纖維吸收水份後在腸道膨脹，吸附老廢物質或刺激腸壁，發揮改善便祕的功效，所以重點就在於搭配水分。

因為寒天可以用水復原，也能水煮溶解食用，所以對於改善便祕非常有效。

理由2 能夠有效地吸附醣類

果凍狀包覆醣類，讓消化、吸收變慢！

許多人在減肥時都會控制飯和麵包的攝取量，因為瘦身時最在意的就是醣類（碳水化合物），甜食更不用說了。寒天富含的水溶性食物纖維，在胃中包覆水分而成為果凍狀，再以黏稠特性包覆醣分後，由胃將它慢慢運往腸道。因此，醣類被吸收速度減緩，可預防多餘醣分變成體脂肪。

飲食中搭配寒天點心或是在甜飲料中加入寒天粉，可以自然抑制糖分吸收，自然容易瘦身。

再加上具有包覆脂質後排出體外的功用，所以也具有抑制脂質吸收的功效。

【寒天是腸道的清道夫】

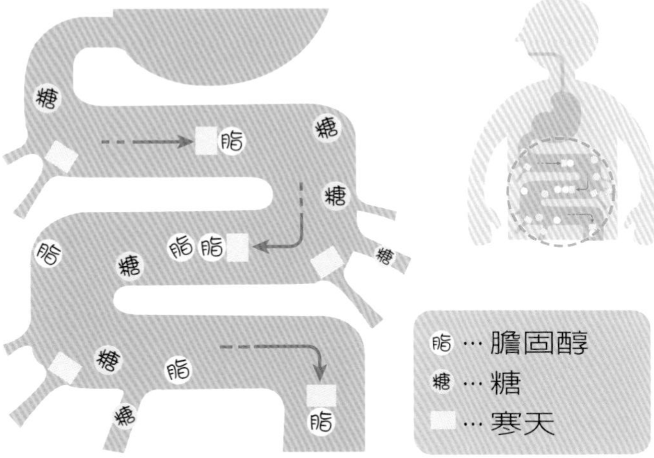

含有水分、具有凝固能力的寒天，包覆性很強，所謂包覆性質就是不管任何體內的分子、物質，它都會形成一種膜狀的東西，包覆在外面，形成一粒一粒的狀態。所以，它讓糖的吸收變慢，並且可以把多餘的膽固醇排除體外。

因此，每一個階段在腸胃裡碰到寒天的分子時，無法吸收，便隨著便便排出，可以使排便量增多，對於排除體內的毒素，也有莫大的功效。

理由3 熱量低可以安心食用！

幾乎沒有熱量，減重又能飽食的救世主！

寒天是從深海的紅藻中抽取的食物纖維，所以熱量非常低，幾近零卡路里。而且當寒天用於料理時，只要極少的量，就含有充足的水分，體積增加，所以可以低熱量滿足口腹。

平常多攝取寒天絲，因為類似麵類，所以可作為烏龍麵和冬粉等的替代食品。

烏龍麵1人份(1麵團250g)有263卡，但是寒天麵1人份(乾燥10g)15卡，飽足感一樣，但熱量少得多吧！

理由4 在胃中膨脹有飽腹感

充足的飽腹感，可以避免大吃大喝！

寒天的食物纖維相當神奇，它是網狀結構，可以包覆自己重量100倍的水分。

食物纖維和水分一起食用，會在胃中膨脹，所以能抑制空腹感。且食物纖維不會被體內分泌的消化液所消化，所以在胃中停留的時間變長。

將寒天當餐點或點心食用時，只要少量便有飽腹感，所以減肥中的人，只要多吃寒天料理，就能輕鬆抑制空腹感，避免過度飲食，輕鬆地達成瘦身。

理由5 可以簡單持續食用

寒天茶、寒天絲搭配各國料理均OK！

寒天有許多種類，但是最簡便的就是寒天粉。加入溫水中即刻溶化，所以加入茶或湯中飲用，就能輕鬆攝取。上班族的OL或學生平時可帶寒天粉到公司或學校，倒入茶中飲用。也有像冬粉和蒟蒻一樣，可以立即食用的寒天絲，可當作炒菜或是湯等的配料。

寒天因為可以搭配日、洋、中、異國各種料理，搭配性高，所以不容易覺得膩，也不會改變食物的原味，長期食用都不會膩。

寒天瘦身新生活，從茶飲開始！

無論是什麼茶，只要加入1小匙的寒天粉，就可以變成具有減肥功效的寒天茶，而茶飲原來的風味也不會改變，還可以攝取到食物纖維，成爲好喝的美容養顏茶。

你可以選擇具有美容功效的玫瑰茶、薄荷茶、青蘋果茶……，不管中式或西式的香草茶，都可以加入寒天粉。

【寒天茶飲沖泡法】

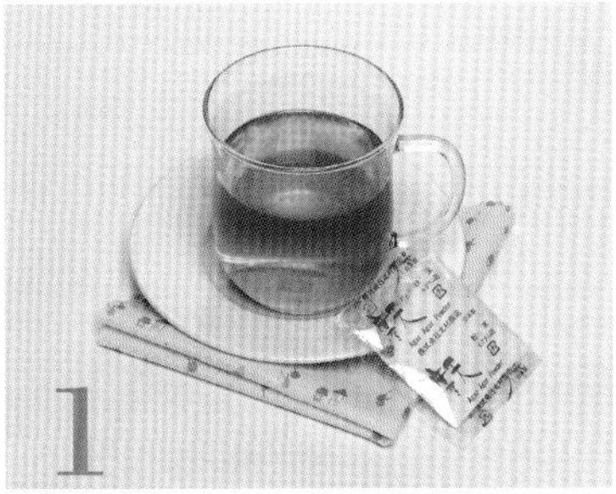

泡一杯你喜歡的茶飲，大約200cc，準備1包寒天粉。

加入寒天粉攪拌。

盡量在茶飲還熱的時候喝掉，效果最好。因為在溫度下降的同時，飲料會有凝固的現象，所以最好趕快喝掉。

二、3天寒天排毒法

斷食減肥，容易便秘

寒天減肥法在日本已經流行很久了，因為寒天對於飽足感的提升和便秘的排解都有非常好的效果。很多尼哄美眉也都靠著吃寒天，達到了意想不到的減肥效果喲！

現在日本流行的減肥法琳瑯滿目，其中有一種叫做「斷食」減肥法，意思就是在大吃大之喝之後，突然的再連續好幾天不吃東西，連蔬菜水果都不能吃，這樣一來，本來身體裡一直有規律的消化系統，馬上會停止作業，內臟裡的分泌突然不正常，慢慢也會使累積在身體的「毒素」產生排出作用，大部分的人都覺得「斷食」對身體健康會有不好的影響，但這可是日本減重醫師發明的一種最新的減肥法。

或許你也嘗試過各種斷食減肥法，例如「加拿大蜂膠斷食法」、「蘋果斷食法」、「優酪乳斷食法」，但你會發現這些斷食法有一個共通的缺點，就是會便秘，也使體內的毒素不能完全排出。

寒天斷食法，健康又方便

不論是那一種的斷食法，也必須吃一些食物來代替平常的食物，像是蘋果或蜂膠，不過，這些食物的纖維質不夠，而寒天一點熱量也沒有，無色無味，外加有飽足感，對於斷食減肥來說，是再好也不過的替代品。

我要推薦的是「寒天斷食減肥法」，方法非常簡單。在進行「寒天斷食減肥法」的前一天，好好的大吃一頓，想著「我明天要開始斷食了！我要變美變瘦了！」

第一天的早上，首先來一杯寒天粉所沖泡的任何飲料，讓自己的胃壁形成一層的保護膜，這樣一來，寒天成凝固狀在肚子裡，會有飽足感，早上不會讓你覺得肚子餓，因為你要大大減少食量了。別以為什麼都不吃，就能瘦得快，這可是會要人命的！

所謂的寒天斷食法，不是要你什麼都不吃，而是利用寒天的特性，配合料理和蔬果的攝取，達到最好、最健康、最方便的減重效果，連上班族也可以輕易的實行。

要進行寒天斷食法，先以3天為一個單位。我的建議是：

第一天，早上1杯寒天飲料（粉寒天加入鮮果汁），或者是少量的水果拼盤外加前一晚已經做好的寒天果凍。中午來1碗寒天素麵，晚上再來1大盤寒天塊和和風醬汁的沙拉。

第二天，早上同樣是1杯寒天果汁，中午一樣的程序，持續到第3天。

通常一般體質的人，在實行「寒天斷食減肥法」3天下來，都可以瘦下3、4公斤，而且身體的毒素隨著便便排出之後，皮膚也會變得細緻有光澤。

想瘦得更多，還可以再參考下一個單元的「7天搶救身材大作戰」，包你有意想不到的驚奇效果。

【寒天3天斷食減肥法的建議食譜】

	3	2	1
早餐	寒天豆漿  作法詳見97頁	寒天山藥汁  作法詳見99頁	寒天柳丁汁  作法詳見101頁
午餐	寒天花椰菜  作法詳見70頁	寒天涼麵  作法詳見72頁	養生五目野菜  作法詳見46頁
晚餐	寒天高麗菜煮  作法詳見80頁	寒天清爽大根煮  作法詳見82頁	寒天涼拌菠菜  作法詳見30頁

三、7天搶救身材大作戰

體驗寒天體內淨化法

什麼叫做體內淨化法？體內淨化的定義有很多說法，例如：多喝水、多排尿排便，就是最基本的體質淨化。可是當一個人長期的暴飲暴食、偏食等不良的飲食習慣，都會影響到人體內臟系統的工作分配不平衡的現象。

TOKU建議你平常除了關心身材夠不夠標準之外，也應該對自己好一點，在進行減重的計畫時，不妨用一種低熱量、高纖維、低傷害、高營養的緩慢方式，來慢慢改變自己的體質和飲食習慣。

我稱這個計畫叫做「搶救身材大作戰＆短期集中型7天體內淨化計畫」，這個計畫要先對自己溝通，絕對不可以太勉強自己去做，因為減肥要成功，就不要先有「壓力」這兩個字存在，要從「心」→「體」→「美」的三個階段來完成我們的減肥計畫，切記喔！

首先，在開始這7天計畫的前3天，必須先飲用寒天粉一天4公克量的飲料，任何果汁、湯甚至開水沖泡都可以，不必刻意去節食。這個動作只是告訴自己的身體，要讓寒天先進入你的胃、腸，做一個排便和通腸的告知動作，然後再開始7天的改造計畫。

通常一杯由4公克寒天粉溶解的飲料，必須經過8小時以後的腸胃適應，才會感覺到排便次數和排便量的增加，這時候就是體內淨化的開始。

這7天要選擇一些合乎自己喜愛的低熱量寒天料理，這樣才能達到「心」的一個減肥基本概念，讓你不會挨餓，又可以吃到好吃的食物，你的計畫才能順利進行。（食譜請參考28頁）

【7天緊急搶救身材大作戰，健康餐建議表】

	7	6	5	4	3	2	1
早	寒天酸辣茄子 P.34	寒天高麗菜煮 P.80	紅酒寒天沙拉 P.35	涼拌寒天蒟蒻 P.32	寒天涼拌菠菜 P.30	紅酒寒天沙拉 P.35	寒天涼拌菠菜 P.30
午	寒天蘋果沙拉 P.36	寒天涼拌海帶芽 P.42	寒天洋蔥濃湯 P.84	養生五目野菜 P.46	寒天洋蔥濃湯 P.84	寒天蘋果沙拉 P.36	涼拌寒天蒟蒻 P.32
晚	寒天花椰菜 P.70	寒天玉米濃湯 P.86	養生五目野菜 P.46	寒天清爽大根煮 P.82	寒天章魚沙拉 P.44	寒天高麗菜煮 P.80	寒天酸辣湯 P.90

PS：如果覺得餓，可以增加寒天的分量，不影響卡路里的吸收。

PART Ⅲ

清爽怡人的寒天涼拌料理

清涼鮮綠的涼拌，
豐富的食物纖維，
消除水腫，幫助排除體內宿便，
把累積的脂肪通通趕出去！

185大卡 1人份

寒天涼拌菠菜

菠菜是養顏佳品，富含人體造血原料之一的鐵，常吃菠菜，令人面色紅潤，光彩照人。

它還富含酶，能刺激腸胃、胰腺的分泌，既助消化，又潤腸道，能將毒素排出體外，讓皮膚變得有光澤。

材料

菠菜1把、寒天絲1/4把、麻油少許、大蒜1粒、柴魚絲、醬油（最好是薄鹽醬油）少許

做法

1. 菠菜洗淨，放入滾水之中，稍微燙過後馬上撈起，將水擠乾，整齊的排放在盤中。
2. 接下來要做醬料，先將大蒜切片，愈薄愈好，蒜香會更明顯，放入碗中，加上少許醬油、麻油、寒天絲，放置5分鐘以上，讓寒天和大蒜的香味融合在一起。
3. 將作法❷的醬料淋在菠菜上，灑上一點柴魚絲。

叮嚀

寒天可以依個人的喜好，增加或減少。

涼拌寒天蒟蒻

30大卡 **1人份**

蒟蒻是一種幾乎不含熱量的食物，體積大且有飽足感，對積極想減重的美人兒而言，是一種取代澱粉的最佳選擇。適量搭配蔬菜與肉類，可攝取到維生素、礦物質等維持生理機能的營養素。

材料

蒟蒻約50公克、寒天粉4公克、日本進口辣油少許（可以用辣油代替）、新鮮檸檬汁少許、醬油、大蒜半粒

做法

1. 先將寒天粉泡入100cc的溫水中，讓它溶解，即是寒天液。
2. 蒟蒻洗淨後，泡水10分鐘，增加蒟蒻的Q度，再把它浸泡在寒天液15分鐘。
3. 用平底鍋把大蒜、蕃茄用平底鍋炒過後，放入冰箱冷卻。
4. 把蒟蒻與大蒜放在一起拌勻，在吃之前別忘記加上少許的醬油和檸檬汁，還有特別香的日本進口辣油，這樣就是一盤有健康瘦生的佳餚了。

叮嚀

將蒟蒻適量的泡在寒天水裡，記得要將蒟蒻全部泡在寒天的溶解液裡。

129大卡 1人份

寒天酸辣茄子

材料

小茄子2條、小黃瓜1根、泰式辣醬（也可以用越南辣醬替代，大賣場和進口超市都買得到）約5公克、橄欖油少許、黑胡椒、壽司醋少許、寒天粉3公克

做法

1. 先將寒天粉泡入100cc的溫水中，讓它溶解，即是寒天液。
2. 把茄子切片，下熱油過鍋，讓茄子冷卻，也可以放入冰箱，但這是涼拌菜，不用太冰。
3. 把小黃瓜切薄片備用。
4. 將泰式辣醬、橄欖油少許、胡椒、壽司醋適量、寒天的溶解液拌勻之後，淋在茄子和小黃瓜上即可。

叮嚀

吃之前再灑上一些黑胡椒，可以使泰國辣醬的甜味更突出。

70大卡 1人份

紅酒寒天沙拉

材料

蘿蔓生菜50公克、山藥少許、柴魚絲少許、小黃瓜1根、紅酒適量少許、橄欖油少許、黑胡椒、白醋少許、寒天絲1/4把

做法

1. 將寒天絲泡水變軟。
2. 把蘿蔓生菜洗淨後，瀝乾。山藥洗淨，切絲。小黃瓜洗淨後切片備用。
3. 準備一個盆子或大碗，先放入橄欖油、黑胡椒，再把洗好的生菜放入盤中，加上少許的白醋，將所有材料及醬料拌勻，再放入盤子。
4. 灑上柴魚絲和寒天絲即可。

寒天蘋果沙拉

140大卡 **1人份**

蘋果含有豐富的蘋果酸、鞣酸、鉀鹽和多種維生素，可使皮膚潤滑、柔軟和潔白。另外，蘋果的纖維質很多，可促進腸胃蠕動刮除經年附著腸壁之宿便，使凸出之小腹迅速消失。

材料

新鮮綠蘋果2個、日本小芹菜1根、日本進口美乃滋1條、寒天粉4公克、紅酒少許

做法

1. 先將寒天粉泡入20cc的溫水中，讓它溶解。
2. 綠蘋果去皮泡鹽水約5～6分鐘，瀝乾備用。
3. 芹菜洗淨切小段，瀝乾備用。
4. 將綠蘋果和芹菜一起放入大碗內，加上美乃滋，一邊加入寒天溶解液一邊拌勻，最後加入紅酒，等顏色開始變成漂亮的乳紫色時就差不多了。

叮嚀

蘋果和芹菜一定要先瀝乾，再加入美奶滋攪拌，寒天液也不要一次加太多，這樣整盤沙拉才不會水水的。

129大卡 1人份

越南風寒天拌花枝

小黃瓜多水分、清涼、甜脆的口感，還具有清熱解毒的功能，更重要的是，100公克的小黃瓜，只有大約15卡的熱量，如果學會將小黃瓜從餐桌上的配角變成主角，那麼想瘦身成功，一點也不是夢想。

材料

新鮮花枝4~5片、小黃瓜1條、芹菜約半根、越南辣醬少許、寒天絲適量、香菜少許、紅酒少許

做法

1. 寒天絲先用水泡軟，備用。
2. 花枝用熱水燙過後，馬上放入冰水冷卻，動作要快，否則花枝老了就不好吃。
3. 將小黃瓜切片，不需要太薄，芹菜切段備用。
4. 將花枝和小黃瓜、芹菜、寒天絲和越南辣醬和少許紅酒拌勻，最後再灑入一點香菜裝飾。

叮嚀

越南辣醬在進口超市才買得到，沒有的話，可以用四川辣醬代替。

22大卡 **1人份**

寒天烏龍果凍拌泡菜

烏龍茶是一種半發酵茶，它綜合了綠茶和紅茶的做法，既有紅茶的濃郁，又有綠茶的清香。烏龍茶中含有大量的茶多酚，可以提高脂肪分解的作用，降低血液中膽固醇含量，有降低血壓、抗氧化、防衰老及防癌等功效。

材料

烏龍茶2杯（400cc）、寒天粉4公克、泡菜80公克

做法

1. 把烏龍茶倒入鍋中，煮沸加入寒天粉。水煮2分鐘，等它冷卻後，放入冰箱冷藏，結凍之後，切成長方形狀。
2. 把泡菜拌入烏龍茶凍中，風味絕佳。

叮嚀

烏龍茶飲可用綠茶代替，而泡菜可改成醬菜或其他醃漬的小菜。

寒天涼拌海帶芽

20大卡 1人份

海帶有95%是水，3%是膳食纖維，熱量很低。它是微量礦物質碘的重要來源，也含有與捕捉自由基有關的硒，及少量的鈣、鎂、鉀、鐵等礦物質。因此海帶對人體最重要的功能，在於它有助於調理人體的生理機能。

材料

水2又1/2杯、寒天粉4公克、麻油1/2小匙、速食海帶芽粉末1包

做法

1. 把水和寒天粉放入鍋中加熱，煮沸2分鐘成透明狀後，加入速食海帶芽粉末，一邊攪拌，待冷卻結成凍狀，再切成細條狀。
2. 食用時再加入麻油調味，或沾芥末、醬油，簡單又好吃。

叮嚀

吃的時候可用一些烏醋或薄鹽醬油增加風味。

98大卡 1人份

寒天章魚沙拉

蕃茄含有蛋白質、脂肪、碳水化合物、煙酸、胡蘿蔔素、維生素B_1、B_2、C等，其中維生素C的含量爲西瓜的10倍。它還含有治療高血壓的維生素P和促進幼兒生長發育的鈣、磷、鐵等礦物質以及抑制細菌的蕃茄素。

材料

寒天絲8公克、洋蔥1/8個、章魚切塊1/2支、蕃茄切塊、小黃瓜切塊1/2、美乃滋1匙、醋1/2匙、醬油1/2匙、優格1大匙

做法

1. 將寒天絲先用水泡軟。
2. 章魚洗淨、切塊，用滾水川燙。
3. 將以上食材加入調味料拌勻即可。

叮嚀

章魚的膽固醇太高？沒關係，寒天可以包覆它，排出體外，又有降低膽固醇的作用，只要不吃太多，不用擔心啦！

140大卡 **1人份**

養生五目野菜

高麗菜含鈣、磷、維他命B_2、C、鉀、硫、氯、碘，其中鉀是抗潰瘍因子，所以常食用高麗菜對輕微胃潰瘍及十二指腸潰瘍，都有食療效果。

材料

寒天粉5公克、小芹菜、黑木耳、高麗菜、金針菇、山藥、香菇各約20公克、柴魚精、黑芝麻少許

做法

1. 在鍋中加適量的橄欖油，把青江菜、黑木耳、高麗菜、金針菇、山藥、香菇一起炒熱，加上適量的柴魚精後，加水直到蔬菜都浸泡在水中，將火候調整到大火，一直到煮開為止。
2. 在鍋中加入寒天粉，攪拌讓寒天粉溶解，將火轉成小火煮8分鐘，食用前灑點黑芝麻，即可盛盤。

叮嚀

這道菜的蔬菜纖維非常豐富，再加上水溶性纖維的寒天湯汁，想減肥的人一定要試試看，記得把湯喝光光。

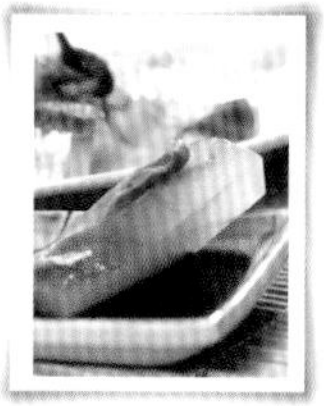

163大卡 **1人份**

鮪魚寒天凍

材料

鮪魚20公克、寒天粉4公克、水300cc、醬油少許、哇沙米少許

做法

1. 把寒天粉和水煮開溶解，等它冷卻。
2. 直接把鮪魚塊放入剛才的寒天溶解液中，等它冷卻結凍後，再切成塊狀。
3. 吃的時候加上醬油和哇沙米，就是日式的鮪魚凍了。

PART IV

充滿幸福感的寒天主食料理

胃口奇佳，平常總是吃得過量，
或者想偶爾打打牙祭，
寒天就是最好的秘密武器，
吃得飽、吃得巧，
輕鬆恢復曼妙身材。

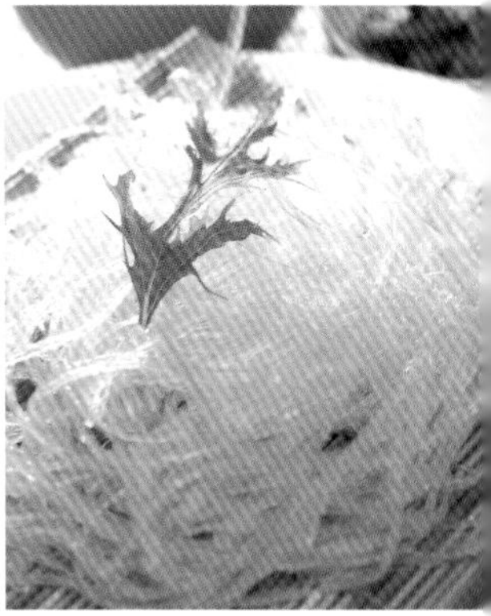

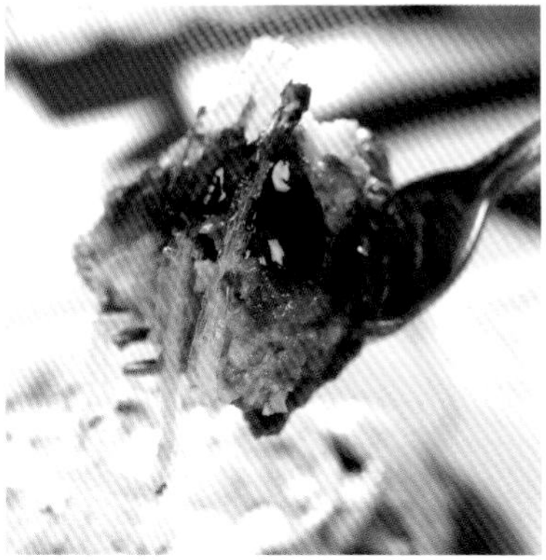

189大卡 1人份

豆腐漢堡肉

豆腐的營養成分中，40%是蛋白質，25%是碳水化合物，20%是油脂，而且多元不飽和脂肪酸高達61%，加上各種礦物質、維生素，營養成分並不輸肉類，又不含膽固醇。

材料

寒天棒1/2枝（約4公克）、切丁的洋蔥80公克、豬絞肉80公克、鹽、胡椒少許、高湯1/2杯、味淋、醬油少許、木棉豆腐1塊

做法

1. 首先把豬絞肉和洋蔥、胡椒、鹽拌在一起，然後把去水後的木棉豆腐也一起拌成漢堡肉的模樣。
2. 再來調配醬汁，先把寒天棒加入熱水中煮2分鐘，在還沒冷卻時加入鹽、胡椒、醬油、味淋調味，並讓寒天液冷卻，寒天成凍狀之後，再將它剁糊。
3. 熱鍋，煎漢堡，煎到外面成金黃色全熟即可。
4. 將漢堡肉裝盤，淋上❷的寒天調味醬汁即可。

叮嚀

記得先將木棉豆腐去水，方法很簡單。木棉豆腐橫切2公分寬，放置在厚的紙巾或毛巾上輕押3至4分鐘即可。

寒天紅酒醋法國麵包

129大卡 1人份

材料

橄欖油、胡椒粉少許、寒天粉4克、九層塔少許、紅酒少許、大蒜1顆、法國麵包半個

做法

1. 準備一個中碗，直接把大蒜、九層塔、少許的鹽巴、橄欖油等，放進碗中，然後像搗藥草一樣，搗到九層塔散發出香味。
2. 加入適量的紅酒、胡椒、寒天粉攪拌一下，即完成紅酒醋，可用麵包沾著吃。

PART Ⅳ

充滿幸福感的寒天主食料理

寒天果醬土司

129大卡 **1**人份

材料

土司2片、寒天粉4公克、牛油、果醬少許

做法

1. 將寒天粉放入10cc的溫水溶解。
2. 將寒天溶解液加入果醬中攪棒。
3. 將土司切邊，用烤箱或麵包機烤過，兩面都塗上適量的寒天溶解果醬即可食用。

寒天紅酒豬排

340大卡 **1人份**

豬肉中含有豐富的營養，蛋白質、脂肪豐富，還含有各種維生素及微量元素，因此具有長肌肉、潤皮膚的作用，並能使毛髮光澤。近來的研究還指出，攝取豬肥肉可幫助產生透明質酸酶，使皮膚看起來較細緻，所以每天吃50克肥肉不但不會發胖還可使皮膚更細嫩。

材料

豬排200公克、寒天粉4公克、綠花椰菜半個、胡蘿蔔、菠菜、紅酒、胡椒、鹽、牛油、橄欖油少許

做法

1. 先用紅酒將豬排浸泡30分鐘，撒上鹽巴和胡椒備用。紅蘿蔔、花椰菜、菠菜洗淨備用。
2. 熱鍋，加上紅酒、橄欖油、鹽、牛油少許，將醬汁煮溶，再加入寒天粉攪拌。用寒天粉代替太白粉勾芡備用。
3. 平底鍋燒熱，放入牛油和橄欖油，將豬排煎八分熟，放入❷的醬料，將火開成大火燜煮，至豬排全熟熄火起鍋。
4. 用鍋中剩餘的紅酒寒天汁煮菠菜，蓋上鍋蓋悶熟，加入少許鹽巴即完成。
5. 再用同樣的平底鍋加水煮熟綠花椰菜和切薄片的胡蘿蔔即可。
6. 先將菠菜裝盤，再把豬排放在上面，花椰菜和胡蘿蔔放在旁邊，就是一道美味的豬排。

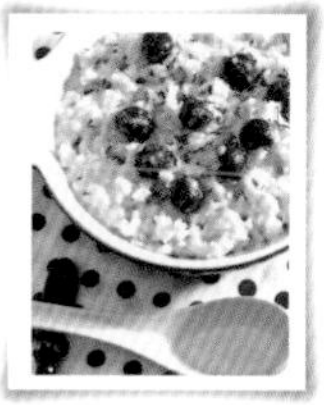

319大卡 **1人份**

梅子寒天燉飯

梅子含有豐富的有機酸和礦物質，其鈣含量與鐵含量都比香蕉多，是種不可多得的零食。酸梅含有特別多的枸櫞酸，能夠抑制乳酸，並驅除使血管老化的有害物質。

材料

水2杯、寒天粉4公克、橄欖油1小匙、大蒜切小塊1粒、梅干數粒、熟米飯1碗、牛奶半杯

做法

1. 鍋中放入橄欖油，先熱油鍋，把飯和梅子在鍋中用小火翻炒，炒出香味，加大蒜再翻炒幾下。
2. 在炒鍋裡加入2杯水，煮滾2分鐘。
3. 加入寒天粉和半杯的牛奶，小火煮5分鐘，最後加入鹽巴調味即可。

叮嚀

在減肥當中，有時會忍不住想吃飯，這道有異國風味的燉飯，讓你有飽足感。

寒天紅酒牛排

300大卡 **1人份**

牛肉 除了富含鐵質之外，也是蛋白質、維生素、和其他微量礦物質的重要來源：例如鋅是傷口復元和皮膚、骨骼及毛髮生長必要的營養素，也會強化免疫系統；維生素B12可以維護神經系統和新陳代謝功能。

材料

牛排12盎斯1塊、紅酒適量、寒天絲25公克、牛油、橄欖油、胡椒鹽、芹菜、花椰菜少許

做法

1. 選用厚度達3公分以上的牛肉，撒上鹽、胡椒加入按摩，然後用紅酒浸泡整塊牛肉一個晚上。
2. 先用平底鍋開到大火，放入少許的橄欖油和牛油，大火煎牛排煎至五分熟，再加上寒天絲，蓋上鍋蓋蒸煮成七分熟（依個人喜好而定）後，放入盤中。
3. 把切段的芹菜（不要太小）和其他蔬菜全部下鍋炒熟，用小火燜熟，再加上一點紅酒後開大火拌炒，最後加入適量的鹽巴和胡椒，放在牛排旁，即可享用一道熱騰騰的牛排。

叮嚀

用紅酒浸泡牛肉時，不要覺得浪費，因爲在做菜的過程中，絲寒天也會吸收紅酒。

231 **1人份**

和風寒天春捲

紫蘇葉是唇形科一年生的草本植物，具有發汗、健胃的功效，另外可發散氣滯，使精神舒暢。治感冒、支氣管炎、氣管炎及熱性病初起之發熱惡寒，對因魚蟹中毒之嘔吐腹痛有顯著的效果。

材料

木棉豆腐1塊、蟹板條20公克、春捲皮4枚、紫蘇葉4片、沙拉油2大匙、寒天絲8公克

做法

1. 先將寒天絲泡軟、切碎。
2. 將豆腐壓碎和蟹板條、寒天絲混在一起做成春捲的內餡。
3. 將春捲皮平鋪在盤中，先放紫蘇葉，再放❷料，並將春捲皮包好。
4. 在平底鍋中放入2大匙的沙拉油，將春捲煎成金黃色，即可起鍋。

叮嚀

想要吃油炸的食物而不發胖的話，加上寒天是最好的方法，寒天的包覆特性，可以幫忙把油膩食物一起排出來。

寒天蕃茄醬汁烤魚排

121大卡 **1人份**

蕃茄含有蛋白質、脂肪、碳水化合物、煙酸、胡蘿蔔素、維生素B_1、B_2、C等，其中維生素C的含量爲西瓜的10倍。它還含有治療高血壓的維生素P和促進幼兒生長發育的鈣、磷、鐵等礦物質以及抑制細菌的蕃茄素。

材料

寒天粉4公克、蕃茄汁罐頭1罐、胡椒、鹽少許、大蒜1粒、白身魚2小塊

做法

1. 首先把蕃茄汁加入鍋中，再加上寒天粉、鹽、胡椒調味，煮沸後，將醬汁盛在碗中，等它冷卻、結凍。
2. 用小火煎白身魚，煎到兩面都呈金黃色，然後把凍狀的醬汁弄碎，放在魚上。

叮嚀

有地中海風味的菜餚，因爲有健康概念，在國外已經流行很久，再加入寒天更是完美，做法簡單，趕快試試吧！

寒天水餃

601大卡 1人份

材料

木棉豆腐1塊、高麗菜適量、豬絞肉50公克、寒天絲20公克、鹽、白胡椒、香油少許、青蔥1枝、餃子皮8張

做法

1. 寒天絲用水泡軟，切成小段。高麗菜洗淨切碎、去水。
2. 把木棉豆腐去水（做法參考50頁），加上寒天絲、高麗菜、豬絞肉用白胡椒、鹽調味，做成水餃餡，然後包成水餃。
3. 鍋中放入3碗水煮開，下水餃，待水餃熟後，撈起。

寒天拉麵

84大卡 1人份

材料

寒天絲8公克、泡麵1杯（任何口味均可，依個人喜好）

做法

1. 把泡麵中的麵拿掉，用寒天絲代替。
2. 任選你喜歡的配料，加入寒天絲中，加入煮開的水沖泡，燜個5分鐘，即是方便的寒天泡麵。

寒天炒麵

156大卡 1人份

金針菇每100克中含有2.9公克的膳食纖維、2.7公克蛋白質，熱量只有41卡，屬於低熱量的蔬菜，並含有鐵、鈣、鎂、鉀和多種微量元素，及大量維生素B_1、B_2、C等，是營養價值極高的食品。

材料

寒天絲16公克、金針菇1把、茄子1個80公克、紅蘿蔔15公克、青蔥5公克、甜麵醬少許、豆瓣醬少許、麻油、香油少許、沙拉油1匙、泰國辣椒醬少許

做法

1. 首先把寒天絲泡水直到軟化。
2. 在鍋中放入沙拉油，等油熱先爆蔥，入茄子、紅蘿蔔翻炒，待茄子變軟後加入金針菇，略為翻炒，再把甜麵醬、豆瓣醬放入炒香，最後再加入寒天絲、青蔥翻炒幾下，一盤香味四溢的寒天炒麵就可上桌了。

叮嚀
喜歡吃豬肉的人，可加點豬肉絲；口味比較重的人，可以拌一點泰國辣椒醬補味。

183大卡 **1人份**

寒天餃子湯麵

鮪魚是一種高蛋白、低脂肪、低熱量的健康美容食品，含豐富之蛋氨酸及胱氨酸，能強化肝臟功能；含高量牛磺酸，可降低血壓及血中的膽固醇，防止動脈硬化；含大量的EPA及DHA，可防止心肌塞梗塞及血栓。

材料

寒天絲8公克、鮪魚紅身肉50公克、餃子皮8張、魚板1小片、時令蔬菜1小把、水3杯、香菇3個。鹽、胡椒、烏醋各少許，柴魚精1公克

做法

1. 寒天絲泡水直到變軟。
2. 把鮪魚切碎，加入少許的鹽、胡椒調味。
3. 把切好的鮪魚和鹽、胡椒全部拌勻後，包成餃子。
4. 把水燒開，下餃子，等餃子熟了，撈起。
5. 在鍋中的餃子水，放入柴魚精、醋、鹽、胡椒少許，最後放入切絲的香菇、魚板、蔬菜，等水滾後，放入餃子、寒天絲就可食用。

叮嚀

寒天絲遇熱之後也是會溶化的，所以湯汁裏的水溶性纖維，也不能錯過！

60大卡 **1人份**

寒天花椰菜

材料

火鍋豆腐1/3塊、寒天絲10公克、花椰菜1顆、鹽、胡椒各少許、橄欖油2大匙、鹽1/4小匙、醋1小匙、麻油少許（也可以用檸檬代替）

做法

1. 將寒天絲泡水變軟。
2. 用熱水燙花椰菜，加點鹽在水裡，之後盛出再加鹽和胡椒，使它冷卻，放入冰箱。
3. 在豆腐上加上橄欖油、鹽、醋調味，之後淋在花椰菜上、搭配寒天絲、滴幾滴麻油即可食用。

納豆寒天手捲

113大卡 1人份

材料

寒天粉4公克、水500cc、納豆1盒、附醬汁2包、海苔1張、醬油少許

做法

1. 把500cc水倒入鍋中，加入寒天粉，煮開溶解。
2. 再把一盒納豆倒入鍋中，加入醬汁、醬油調味。
3. 把全部材料一起放入容器中冷卻，成形，再將成形的寒天納豆塊放入手捲中。

寒天涼麵

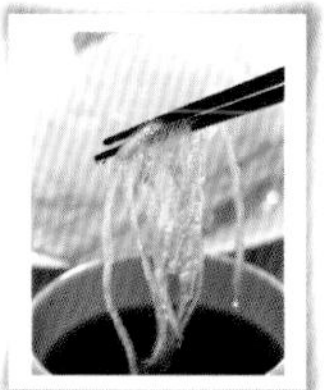

90大卡 1人份

寒天絲每100公克就有80.9的纖維含量，其他高纖的天然藻類如：紫菜、髮菜及乾海帶，含量都只有11.7%、20.4%、28.3%，難怪寒天擁有如此雄厚的瘦身實力！另外，它在胃中可以包覆醣類，減少醣類的吸收，同時抑制血糖值上升，屬於低GI食物之一，是熱門的健康瘦身食品。

材料

醬油1杯、日本酒1杯、味淋1杯、水1杯、寒天絲1把約25公克、柴魚精少許

做法

1. 先把寒天絲泡水變軟。
2. 醬汁作法：首先在鍋中加入日本酒和味淋，為了讓酒精蒸發，在醬汁表面上點火，火滅之後，加入醬油和少許的柴魚精，就完成醬汁，等它冷卻備用。
3. 醬汁冷卻後加上水1杯，然後把泡軟的寒天粉放入，再加一些涼拌野菜，一碗清涼消暑的寒天涼麵就完成了。

叮嚀

將涼麵由寒天絲代替，不但有飽足感，而且熱量超低，是很適合夏天的一道料理。

379大卡 1人份

寒天花壽司

壽司飯的做法

材料

蓬萊米4杯、白醋1杯、白糖1杯、鹽半小匙

做法

1. 將白糖、白醋和鹽一起拌勻，即為壽司醋。
2. 白米洗淨，放入電鍋中煮熟後，趁熱將壽司醋倒入拌勻，並用電風扇吹涼，使白飯能充分吸收到壽司醋，這就是壽司飯。
3. 壽司飯必須涼透才可以用來包捲，否則海苔遇熱會回軟，產生韌性，壽司便無法達到應有的口感。

材料

壽司飯10公克、寒天絲16公克、海苔1張、三島香鬆適量

做法

1. 首先將寒天絲泡水變軟備用。
2. 用海苔鋪上壽司飯，撒上三島香鬆、加上寒天絲，捲起圓體狀，再切成一塊一塊的花壽司。

叮嚀

花壽司的食材內容，可依自己的喜好做變化。

423 大卡 **1人份**

寒天鮪魚壽司

材料

鮪魚20公克、壽司飯適量（做法請詳閱74頁）、寒天粉4公克、水2大杯、紫蘇葉數片

做法

1. 將白飯拌壽司醋，攪拌均勻，鮪魚切片，備用。
2. 將寒天粉溶於水中，將水煮開。等寒天液冷卻變成凍狀。
3. 將結成凍狀的寒天切片成壽司的大小。
4. 開始將壽司飯握在手中，放上一片鮪魚、一塊寒天凍，把大小控制好，最後放上一片紫蘇葉，即完成簡單的壽司料理。

PART V

暖暖的寒天輕盈湯品

熱滾滾的美味湯品，
利尿消腫，又可促進代謝，
身體暖起來，身材也跟著瘦下來，
擁有好氣色，加上好線條。

寒天泡菜鍋

101大卡 **1人份**

泡菜具有很多乳酸菌、飲食纖維等，可以促進腸的運動，具有預防便秘的效果。並具有各種維生素及無機物的低卡路里健康發酵食品，能幫助減肥。

材料

寒天絲8公克、水500cc、木棉豆腐1塊、乾燥海帶芽、豆芽菜、泡菜40公克、大蒜泥半小匙

做法

1. 把寒天絲泡水變軟。
2. 再把其它食材一一放入砂鍋中煮5～6分鐘。
3. 起鍋前加入寒天絲，再加入蒜泥提味，帶勁的泡菜鍋就ok了！

叮嚀

寒天泡菜鍋裡不但有豐富的食物纖維，還有酵素，是一道美容養顏的好湯品。

150大卡 1人份

寒天高麗菜煮

高麗菜營養價值很高，含有維生素A、C、E和礦物質，對促進代謝很有效，高麗菜也是一種鹼性食物，含有多種維生素及礦物質，可以幫助體內排毒和通便，達到淨化體質的效果。

材料

高麗菜1/4顆、寒天粉4公克、鹽、柴魚精、香油少許

做法

1. 加500cc的水在鍋中煮沸，加入5小匙的柴魚精、5小匙鹽及寒天粉。
2. 水滾後放入高麗菜，調小火蓋上鍋蓋，燜10分鐘，起鍋前滴幾滴香油，即可食用。

叮嚀

最後的湯汁是這道菜的精華，千萬別浪費了。

80大卡 1人份

寒天清爽大根煮

大根台灣稱為白蘿蔔，含有大量的葡萄糖、果糖、蔗糖、多種維生素、礦物質其中維生素C的含量比梨和蘋果高出8～10倍。

材料

大根（白蘿蔔）1枝、寒天粉4公克、柴魚精3匙、鹽3匙、芹菜少許、高湯300cc

做法

1. 寒天粉加入20cc的溫開水溶化。
2. 白蘿蔔洗淨、削皮，切成3公分塊狀備用。
3. 熱鍋中放入高湯煮開，再加入150cc的水，放入白蘿蔔、加入3匙柴魚精、3匙鹽，蓋上鍋蓋，將白蘿蔔煮透。
4. 盛在小碗裡，加入少許的芹菜裝飾，直接把寒天液倒入小碗裡，即可食用。

叮嚀

這道湯品也可以用冬瓜、大黃瓜代替，有利尿消腫的功效。

寒天洋蔥濃湯

62大卡 **1人份**

材料

水**2**杯、寒天粉**4**公克、柴魚精少許、洋蔥半個、胡椒少許、起司**1**片、土司**1**片

做法

1. 先將洋蔥切成細絲，用油熱炒，加入柴魚精調味。
2. 把❶料再加入切細片洋蔥，再倒入2杯水中，小火煮滾約2分鐘。
3. 把寒天粉放入濃湯中，煮1分鐘，放上烤好的麵包，就大功告成。

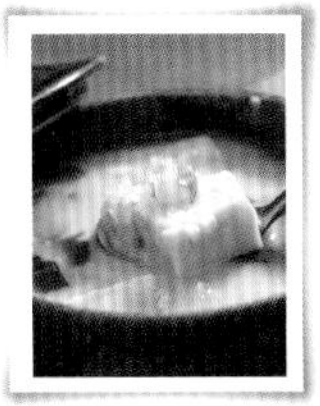

寒天味噌湯

42大卡 1人份

材料

水2又1/2杯、寒天粉4公克、豆腐、海帶、柴魚精少許、味噌1又1/2匙

做法

1. 2又1/2杯的水倒入鍋中，加入柴魚精，煮開後加入寒天粉後，關火。
2. 再加入豆腐、海帶，再煮開一次，煮開之後立即熄火。
3. 在關火之後的狀態下，把味噌放入，用湯匙攪拌，讓味噌慢慢溶開。

寒天玉米濃湯

64大卡 1人份

玉米中含有的纖維素比大米、麵粉高6~8倍，因而具有加強腸胃蠕動的功效，可防治便秘、腸炎、腸癌等。玉米中還含有多種人體必須的氨基酸，能促進人的大腦細胞正常代謝。

材料

水1/2杯、寒天粉4公克、柴魚精1/2小匙、玉米罐頭1/4罐、牛奶1/2杯、胡椒少許

做法

1. 把水、柴魚精、玉米、牛奶、胡椒放入果汁機打勻。
2. 倒入鍋裡煮滾，再加入4公克的寒天粉攪拌，即完成一道營養又美味的玉米濃湯。

叮嚀

寒天粉代替了太白粉，一樣有濃稠的口感。

COUNTRY

寒天豆漿咖哩

48大卡 1人份

豆漿含有豐富的植物蛋白質，有8種是人體必須氨基酸，對於人體的免疫力有非常重要的作用，可以製造抗體、激素等人體抵抗外界病邪入侵的物質。飲用豆漿還有促進消化的功能，可以補充人體活乳酸菌進入腸胃，有利消化。

材料

水2杯、寒天粉4公克、薑泥1小匙、咖哩粉1小匙、柴魚精少許、豆漿1/2杯、迷你蕃茄2個、生火腿適量

做法

1. 在鍋中放入水和寒天粉煮溶。
2. 加入咖哩粉、柴魚精、薑泥、豆漿再煮2分鐘。
3. 再把切好的蕃茄、生火腿放入鍋中、煮3分鐘即可食用。

叮嚀

在外吃飯時不妨隨身帶1包寒天粉。隨時都可以加在裏面，增加食物纖維攝取量。

寒天酸辣湯

57大卡 **1人份**

材料

米2又1/2杯、寒天粉4公克、青蔥1枝、蕃茄1顆、海帶芽少許、薑半粒、豆瓣醬、醬油、柴魚精、胡椒、鹽、醋各1至2小匙、蛋1個

做法

1. 把青蔥洗淨切段、蕃茄洗淨切塊，海帶芽洗淨備用。
2. 將青蔥、蕃茄、薑、海帶芽放入滾水中煮5分鐘。
3. 在鍋內加寒天粉，再加上調味料，煮滾2分鐘，再加入蛋汁，讓蛋汁呈現半熟狀態熄火。

PART VI
散發誘人氣息的寒天小點

減肥時怎麼能少了點心？
不會太甜膩的清爽小點和飲料，
加上高纖維的寒天，
讓小小的慾望，得到救贖。

梅子寒天果凍

179 **1人份**

材料

水2又1/2杯、寒天粉4公克、梅子2顆、糖1小匙、鹽1/4匙

做法

1. 首先將2又1/2杯的水加入鍋中，加入糖1小匙（依個人口味調整），加入4公克的寒天粉，將水煮開。
2. 再把梅子切細絲加入鍋中，等到冷卻後，放入小容器，再放在冰箱中，2小時冰涼後食用，風味更佳。

芝麻寒天牛奶凍

133大卡 **1人份**

材料

水1又1/2杯、牛奶1杯、寒天粉4公克、白芝麻粉1大匙、糖1大匙、黑芝麻少許

做法

1. 首先將水和牛奶倒入鍋中加熱，之後把4公克寒天粉和糖加入，最後再把1大匙的白芝麻倒入鍋中。
2. 將水煮開後熄火，等到冷卻後，放入小容器，再放在冰箱中，2小時冰涼後，灑一點黑芝麻食用，風味更佳。

寒天豆沙點心

235大卡 1人份

材料

寒天棒2個、水1又1/2杯、現成的豆沙泥100公克、花生、糖適量

做法

1. 先把寒天棒泡水直到變軟。
2. 再把水和豆沙泥、糖放入鍋中，一起煮2～3分鐘，加入寒天棒煮沸5分鐘後熄火，等它冷卻，放入冰箱。
3. 食用時拿出來切片，灑上花生即可。

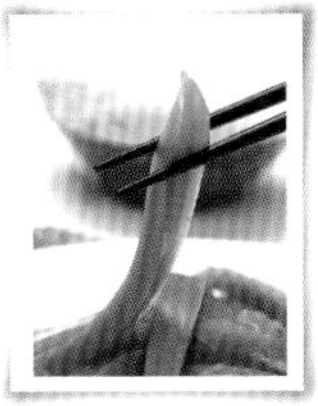

69大卡 1人份

麥茶寒天果凍

材料

水1杯、寒天粉4公克、豆漿1杯、泡濃的麥茶1杯、冰糖5公克

做法

1. 先把泡好的麥茶放入鍋內，再把豆漿和寒天粉放入鍋中。
2. 將水煮開，放糖調味後熄火，等寒天冷卻，再切成條狀。
3. 放入冰箱冷藏風味更佳。

鳳梨寒天涼拌凍

97大卡 1人份

材料

水1杯、寒天粉4公克、生鳳梨半個、冰糖適量

做法

1. 熱鍋中加水、放入寒天粉煮溶，加入冰糖後，熄火，等它冷卻結凍。
2. 把切好的鳳梨塊和寒天塊拌在一起吃即可。

寒天豆漿

42大卡 1人份

材料

豆漿500cc（無糖）、寒天粉4公克

做法

把豆漿加溫，放入4公克的寒天粉，攪拌一下即可。

叮嚀

想減肥的人，豆漿不要加糖。

寒天可爾必思

123大卡 1人份

材料

可爾必思450cc、寒天粉4公克、熱開水50cc

做法

1. 先將50cc的熱水加入4公克粉寒天，使它溶解。
2. 再把寒天液倒入可爾必思即可。

90大卡 1人份

寒天山藥汁

材料

山藥30公克、寒天粉4公克、生蛋黃1粒，檸檬半顆擠汁

做法

把山藥、寒天粉、生蛋黃、檸檬汁一起放入果汁機打勻，再加蛋黃即可。（不敢吃生蛋黃的人可不加）

寒天健怡可樂

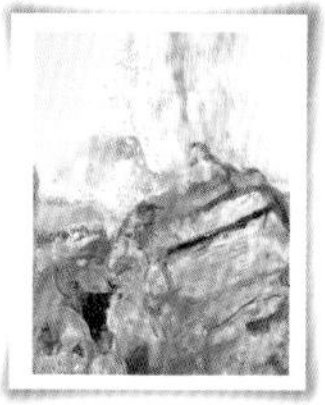

0.2大卡 **1人份**

材料

健怡可樂1罐、寒天粉4公克

做法

在健怡可樂中，直接加入寒天粉即可。

寒天柳橙汁

16大卡 **1人份**

材料

柳橙汁350cc、寒天粉4公克

做法

直接在柳橙汁加入寒天粉，再攪拌均勻。

國家圖書館出版品預行編目資料

寒天享瘦料理 / Toku 著
——初版．——臺北市：腳丫文化，2006〔民95〕
面；　　公分．——（腳丫叢書；K015）
ISBN 978-986-7637-24-6（平裝）
1.食譜　2.減肥　3.健康食譜
427.1　　　　　　　　95014654

腳丫文化

■K015

寒天享瘦料理

著 作 人－Toku
社　　長－吳榮斌
企劃編輯－林麗文
美術設計－王小明
出 版 者－腳丫文化出版事業有限公司

＜總社・編輯部＞：
地　　址－104 台北市建國北路二段66號11樓之一（文經大樓）
電　　話－（02）2517-6688（代表號）
傳　　真－（02）2515-3368
E-mail－cosmax.pub@msa.hinet.net

＜業務部＞：
地　　址－241 台北縣三重市光復路一段61巷27號11樓A（鴻運大樓）
電　　話－（02）2278-3158・2278-2563
傳　　真－（02）2278-3168
E-mail－cosmax27@ms76.hinet.net
郵撥帳號－19768287 腳丫文化出版事業有限公司
國內總經銷－大衆雨晨實業有限公司　（02）3234-7887
新加坡總代理－Novum Organum Publishing House Pte Ltd.　TEL:65-6462-6141
馬來西亞總代理－Novum Organum Publishing House (M) Sdn. Bhd.　TEL:603-9179-6333
印 刷 所－科億資訊科技有限公司
法律顧問－鄭玉燦律師　（02）2915-5229
發 行 日－2006 年 9 月第一版 第 1 刷

定價／新台幣 250 元　　Printed in Taiwan